A abelhinha trabalhadora

Sérgio Batista Alves
Fernanda Bacellar
Marina Maluf Alves
Gláucia Piacentini

FEALQ

Av. Centenário, 1080
13416-000 Piracicaba, SP, Brasil

Fone: 19-3417-6600
Fax: 19-3422-2755

livros@fealq.org.br
fealq.org.br

Dados Internacionais de Catalogação na Publicação
DIVISÃO DE BIBLIOTECA E DOCUMENTAÇÃO – Esalq/USP

A abelhinha trabalhadora = The working little bee / Sérgio Batista Alves (in memoriam) ... [et al.]. -- Piracicaba: FEALQ, 2012.
64 p. : il.

Título e texto em português e inglês

1. Língua inglesa 2. Literatura infanto-juvenil. I. Alves, S. B. II. Alves, M. M. III. Bacellar, F. IV. Piacentini, G. V. Título

CDD 820
A139

ISBN 978-85-7133-073-3

Sumário

Participantes do projeto

SÉRGIO BATISTA ALVES

Graduado em engenharia agronômica pela Universidade Federal Rural do Rio de Janeiro, o professor Sérgio foi contratado pela Esalq em 1977, onde obteve os títulos de mestre, doutor e livre-docente. Professor titular desde 2002, era bolsista de Produtividade em Pesquisa do Conselho Nacional de Desenvolvimento Científico e Tecnológico (CNPq), nível 1A, com contribuição significativa em publicações científicas. Apenas nos últimos dez anos, publicou 74 trabalhos em periódicos indexados, 4 livros, 36 capítulos de livro, além de 16 artigos completos e 105 resumos em anais de eventos científicos. Recebeu quinze títulos honoríficos ao longo de sua carreira. Também se destacou bastante nos serviços de extensão, publicando com frequência em revistas técnicas e jornais, além de proferir palestras especialmente aos usuários do controle microbiano de pragas. Desenvolveu ainda diversos projetos de pesquisa com financiamento de órgãos oficiais de fomento e de empresas privadas, o que resultou na formulação de vários produtos microbianos comerciais, com registro no Ministério da Agricultura, Pecuária e Abastecimento. O professor Sérgio Batista Alves nasceu em 17 de junho de 1944 e faleceu em 23 de outubro de 2008.

FERNANDA BACELLAR

Possui graduação em Faculdade de Filosofia, Ciências e Letras, pela Universidade do Sagrado Coração (1982), especialização em Tradução: Inglês pela Universidade de São Paulo (1991), especialização em Língua Inglesa pela Universidade de São Paulo (1989), mestrado em Semiótica e Linguística Geral pela Universidade de São Paulo (1996) e doutorado em Semiótica e Linguística Geral pela Universidade de São Paulo (2002). Atualmente é professora de Inglês da Escola Superior de Agricultura "Luiz de Queiroz" e da Universidade Metodista de Piracicaba. Tem experiência na área de Linguística, com ênfase em Terminologia.
Atua principalmente nos seguintes temas: Ciências Agrárias, Agronomia, Enciclopédia Agrícola do Brasil.

MARINA MALUF ALVES

Graduada em Educação Artística, com habilitação em Artes Plásticas, pela Unesp, atuou como professora de Artes do Ensino Fundamental e atualmente trabalha com um maternal na Escola Quintal do João Menino, em São Paulo.
Está fazendo especialização em Pedagogia Waldorf.

GLÁUCIA PIACENTINI

Graduada em Letras: Inglês e Português pela Unimep.

Apresentação

A reedição deste livro resgata doces conhecimentos, em forma de poesias, sobre a vida das abelhas. Permite que eles voem novamente pelo mundo infantil. Chamo de doces conhecimentos porque estão carregados de verdades, mas também de fantasia, de sabedoria. Doces porque nasceram do coração. Doces porque são vivos, brilhantes, e não deixam que as crianças azedem e endureçam seus olhares.

A ideia de uma nova edição surgiu no coração do autor há um bom tempo, talvez quando as abelhas ainda tinham pelas ruas inúmeras opções de flores coloridas e cheirosas. Queria que os conhecimentos deste livro voassem pelas escolas e pelas mãos das crianças novamente. Pensando no novo formato que as escolas estavam se moldando e, por que não, em enriquecer a proposta, veio a vontade de traduzi-lo para o inglês. Para tanto, o autor logo encontrou a ajuda de uma amiga que gostava muito desse tal de inglês: Fernanda, professora que também carrega brilho nos olhos e voa sem medo em busca dos seus sonhos.

Fernanda passou, então, a ser a segunda abelha dedicada à construção dessa colmeia.

Abelha rainha, zangão e operárias. Em toda colmeia, a união destas três forças diferentes faz a harmonia. Nesta história já tínhamos duas forças diferentes, a de Sérgio, o autor, e a de Fernanda, mas eles ainda precisavam encontrar a terceira força, aquela que traria as cores do mundo para o livro. Sérgio tinha uma filha caçula que gostava muito do mundo das cores e andava bastante angustiada com a qualidade das cores e das formas que voavam até os olhos e mãos das crianças nas escolas. Sérgio, que agora passarei a chamar de pai, então me convidou para fazer a ilustração, mas eu ainda não tinha muita força e não estava preparada para ajudá-los na construção dessa colmeia.

Sérgio e Fernanda foram então passear por outros campos de flores, saíram construindo outras colmeias e guardaram este projeto em seus corações. Contudo, Sérgio já estava um tanto cansado de cuidar das flores daqui da terra e, em uma de suas viagens pelos campos coloridos, avistou lá no céu, perto das estrelas, uma luz muito especial que o chamava. Voou em sua direção. Eu, Marina, filha de Sérgio, depois de algum tempo me senti preparada e com muita força para trabalhar junto com Fernanda e construir aquela colmeia que ficara adormecida por um tempo.

Mas não tínhamos mais a presença de Sérgio, apesar de contarmos com sua força, então fomos buscar ajuda de mais abelhas. Foi assim que encontrei uma caixinha de giz de cera muito especial, pois aquele giz era feito com a cera natural das abelhas! Com a ajuda de todas as abelhas que trabalharam na construção daquela cera, pude fazer com muito carinho as ilustrações. Renasceu o projeto!

Um pouco sobre Sérgio: o autor deste livro foi um artesão e sabia a importância de suas mãos. Tudo o que é produzido por um artesão é único e carrega a força de seu criador, é seu espelho. Assim, ao invés de falar sobre o livro, falarei sobre quem o escreveu.

Um homem, uma criança, um olhar. Um homem com um olhar de criança, olhar encantado, vivo, inteligente, entusiasmado. Um professor universitário, doutor, cientista, pesquisador, especialista, mas não duro, enquadrado, engessado.

Ele pulsava, se deslocava, vivia, sentia, pensava. Cada palavra transmitia sabedoria, às vezes acompanhada de conhecimento, às vezes apenas aquela sabedoria vinda das cores, das dores, das estrelas, da natureza, das abelhas.

Caminhava, fazia, pulsava entre o macro e o micro, entre a lente e o microscópio, o fora e o dentro, o mel e o ferrão.

Pulsava entre o ensinar e o aprender. Ensinava sobre as abelhas, aprendia com elas.

Saiu do campo em busca de luz, saiu da colmeia em busca da flor, em busca de mel, em busca de amor. Encontrou a flor, produziu o mel e espalhou amor.

Um dia voou, como uma pequena abelha. Voou para a imensidão, voou para o coração, desapareceu ao olhar dos adultos, apareceu ao olhar das crianças.

MARINA

Eu sou a abelha,
Tenho seis pernas, quatro asas
E um pontudo ferrão
Capaz de atordoar um leão!

Tenho duas antenas
Que parecem radar!
Me avisam sobre os inimigos
E as flores onde posso encontrar!

O meu perfume gostoso
Serve para avisar
Que o inimigo está por perto
E pode nos atacar!

O homem, pra me explorar,
Construiu uma bela casa
Pra minha família morar.

Na minha família
Sou a única rainha,
50 mil operárias e 500 zangões,
Todos convivem sem palavrões!

Ovos nos favos eu vou colocar,
Operárias, zangões,
Estes ovos vão dar!

Sou operária campeira,
Fui babá, guarda e cozinheira.
Coleto o néctar das flores
Com as minhas companheiras.

Sou capaz de dançar
Pois é com minha dança
Que posso comunicar!

Quando estou em ação,
A flor fica contente,
Faço a polinização
Que vai dar a semente!

Como operária caseira,
Posso ser guarda do quartel
Ou elaborar o mel.

O mel que eu faço tão bem
É bom pra criançada
E pra você também!

Sou o marido da rainha,
De zangão eu sou chamado,
Como mel o dia todo
E durmo sempre estufado!

A minha família é uma beleza,
Rainha, operária e o vagabundo zangão.
Como todos, vivemos da natureza,
E temos que evitar a poluição.

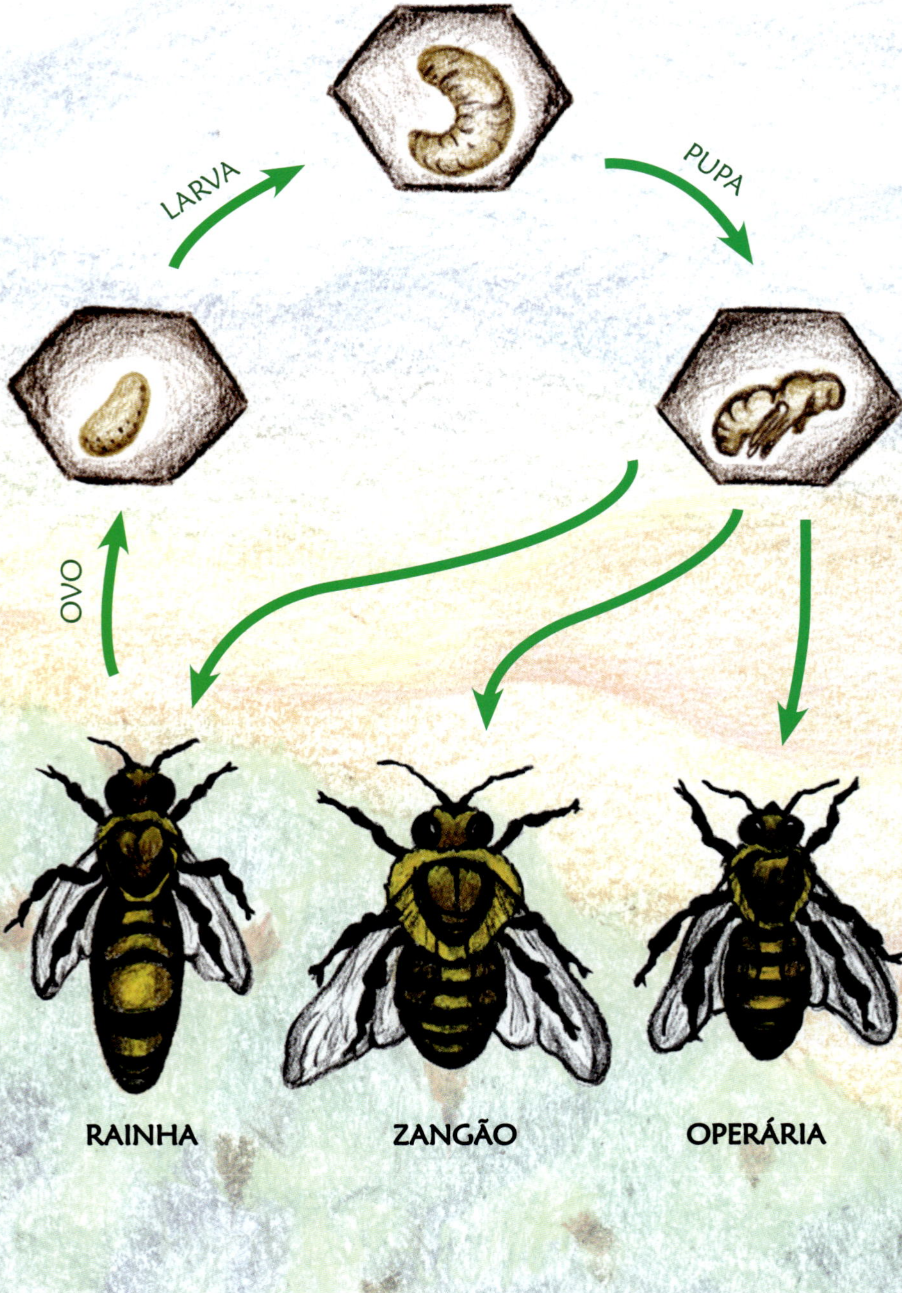
LARVA
PUPA
OVO
RAINHA
ZANGÃO
OPERÁRIA

Explicação para adultos

A abelha *Apis mellifera* pertence à classe Insecta. Na apicultura se estudam as técnicas de criar abelhas.

As abelhas produzem mel, cera, geleia real, própolis e são muito importantes para a polinização das flores.

A sua ferroada é muito dolorosa e o seu veneno, em grande quantidade, é perigoso.

A comunicação entre as abelhas é muito desenvolvida e as suas antenas desempenham importante papel. Elas se comunicam através de substâncias químicas e danças. Uma abelha, ao picar um indivíduo, libera uma substância (feromônio de alarme) que avisa as outras de que ali existe um intruso!

A casa das abelhas são as colmeias construídas de madeira. Dentro dela, encontram-se os quadros onde elas constroem os favos para colocação do mel, pólen e ovos que darão a sua prole.

OPERÁRIA

Um enxame de abelhas é formado por uma rainha, 20 a 50 mil operárias e 500 a mil zangões.

As funções da rainha são: colocar ovos e manter o enxame reunido, através da liberação de uma substância química chamada "substância de rainha".

Cada operária realiza uma função durante as fases de sua vida. As operárias coletam o néctar produzido nos nectários florais. Este néctar vai servir para a produção do mel. Também usando a língua e os pelos do corpo, coletam o pólen (elemento masculino da flor). As operárias podem executar diferentes tarefas. Podem atuar como babás, cuidando das larvas; como guardas, cuidando da entrada da colmeia; como coletoras de pólen e néctar, na elaboração do mel e outras.

As abelhas operárias campeiras, quando chegam carregadas de néctar e pólen na colmeia, dançam mexendo o abdome. Com esta dança do "requebrado", comunicam para as outras abelhas a localização exata de onde coletaram o alimento.

O zangão é o indivíduo mais tranquilo da colmeia. A sua função é fecundar a rainha. Nunca trabalha e só come o mel. Às vezes, pode ser expulso ou morto pelas operárias.

Uma das funções mais importantes das abelhas é colaborar na fecundação das flores. Assim, andando sobre elas transferem o pólen das flores masculinas para as femininas. A produção de frutos e sementes depende muito das abelhas.

O mel é um excelente alimento. Contém açúcares, proteínas, minerais, enzimas, dextrinas e vitaminas.

As abelhas são muito sensíveis à poluição e, assim, é grande a sua mortalidade quando tentam coletar o néctar e o pólen em culturas tratadas com inseticidas não seletivos. Também se tornam mais suscetíveis às doenças em ambientes com intensa poluição do ar e da água.

The working little bee

Sérgio Batista Alves
Fernanda Bacellar
Marina Maluf Alves
Gláucia Piacentini

FEALQ

Av. Centenário, 1080
13416-000 Piracicaba, SP, Brasil

Fone: 19-3417-6600
Fax: 19-3422-2755

livros@fealq.org.br
fealq.org.br

Dados Internacionais de Catalogação na Publicação
DIVISÃO DE BIBLIOTECA E DOCUMENTAÇÃO – Esalq/USP

A abelhinha trabalhadora = The working little bee / Sérgio Batista Alves (in memoriam) ... [et al.]. -- Piracicaba: FEALQ, 2012.
64 p. : il.

Título e texto em português e inglês

1. Língua inglesa 2. Literatura infanto-juvenil. I. Alves, S. B. II. Alves, M. M. III. Bacellar, F. IV. Piacentini, G. V. Título

CDD 820
A139

ISBN 978-85-7133-073-3

Contents

Participants of the project

SÉRGIO BATISTA ALVES

He graduated in Agronomic Engineering by the Federal Rural University of Rio de Janeiro, hired by the "Luiz de Queiroz" College of Agriculture in 1977, where he got the titles of Master, Doctor and Full Professor. Since 2002, as a Full Professor he received 'productivity in research' grants of The National Council for Scientific and Technological Development (CNPq), level 1A, with highly contribution to scientific publishing.

In the last 10 years, he published 74 papers in indexed journals, 4 books, 36 book chapters, besides 16 complete articles and 105 summaries in scientific event annals. He received 15 honor titles along his professional career. Also, he contributed to extension services, either publishing in journals or lecturing about pest microbiology control. He also developed several research projects financed by official entities and private enterprises that resulted in several commercial microbiological products registered by the Ministry of Agriculture, and Food Supply.

Professor Sérgio Batista Alves was born on the 17th of June, 1944 and died on the 23rd of October, 2008.

FERNANDA BACELLAR

She graduated in Portuguese and English Languages by the University of the Sacred Heart of Jesus (1982), specialization in English by the University of São Paulo (1989), specialization in Translation: Portuguese and English by the University of São Paulo (1991), Master's in Semiotics and General Linguistics by the University of São Paulo (1996) and Ph.D. in Semiotics and General Linguistics by the University of São Paulo (2002). Currently she is a professor at Esalq of the University of São Paulo and at the Methodist University of Piracicaba. She has experience in the area of Linguistics, with emphasis on Translation and Terminology. She is focused, mainly, on the subjects: English Teaching, Literature and Translation, Agricultural Sciences and Agronomics.

MARINA MALUF ALVES

She graduated in Artistic Education with licentiate in Plastic Arts by the Unesp. She worked as an Art teacher for Junior High School students, and today works as a kindergarten teacher at "Quintal do João Menino" in São Paulo.
She is taking a Specialization Course in Waldorf Pedagogy.

GLÁUCIA PIACENTINI

She graduated in Languages: English and Portuguese at Unimep.

Foreword

The reprinting of this book recovers sweet knowledge through poetry about the life of the bees. It allows knowledge to fly again to the child world. I call it sweet knowledge because it is full of truth, but also fantasy, wisdom and came from the heart. It is also alive and vibrant not allowing children's eyes to become sour and hard.

The idea of a new edition was born in the heart of the author a long time ago when bees still had several options of colored and scented flowers on the streets: he wanted that the knowledge in this book flew to all schools and children's hands again. And trying to fulfill the demand of the new bilingual education schools the decision to translate it to the English language was made. To start with the project, the author counted on the help of a friend that really liked this language: Fernanda, a professor that also carried light in her eyes and flies fearless in search of her dreams. Fernanda became the second bee dedicated to the building of this hive.

There are the queen, drone and workers. In the hive, the union of these three different powers makes the harmony. In this history, we had already two different powers, Sérgio's and Fernanda's, but they still needed the third power that would give the colors of the world to the book. Sérgio's youngest daughter really liked the world of colors and was quite disappointed with the quality of colors and shapes that flew to the eyes and hands of the children in schools. Sérgio, who I will call from now on as my father, invited me to illustrate the book but I was weak and not ready to help them in this hive construction.

Then Sérgio and Fernanda went out to other fields of flowers building other hives but kept this project inside their hearts. However, Sérgio got tired of taking care of the flowers of this Earth and during one of his trips to these colored fields; he saw a very special bright light in the sky close to the stars calling him. He decided to follow it. I, Marina, Sérgio's daughter, after a long

time felt prepared and strong enough to work together with Fernanda and start rebuilding that hive that remained sleeping for awhile. Although we didn't have Sérgio's presence with us, we could count on his strength; we decided to look for other bees' help. I found a very special wax crayon, because they were made of bee natural wax! With the help of all those bees that produced all that wax, I could illustrate the book with all my love. And the project became real!

Some information about Sérgio: the author of this book was an artisan and knew how to use his hands.

Every single thing that is produced by an artisan is unique and brings its creator's strength, because it is his mirror. That's why I decided to talk about the author instead of the book itself.

A man, a child, a look. A man with the look of a child, an enchanted, lively and enthusiastic look. A university professor, doctor, scientist, researcher, specialist but not hard, squared in a cast with his own ideas.

He pulsated, changed himself, moved to other directions, lived new experiences, felt emotions and thought about life. Each single word was full of wisdom followed by knowledge extracted from the colors, pains, bees and nature itself.

He was always moving around, doing experiments between the macro and microstructures, between the lenses and microscopes, the outside and inside, the honey nectar and the sting pulsating with all the new discoveries. He vibrated himself between teaching and learning. He taught about bees but also learned from them.

He left for the fields in the search of light, the hive in the search of flowers, nectar and also love. He met a flower wife, produced honey children and spread love to everybody.

One day he had to fly away like a little bee to eternity disappearing from the eyes of adults but remaining in the eyes of children.

MARINA

I'm the working bee,
Six legs, four wings
And a sharp sting I have
Capable of stunning a lion king!

Two antennas I have
That look like a radar!
They warn me about my enemy,
And where the flowers are!

My delicious perfume
A message it can bring
That the enemy is looking for me
And he can start attacking!

Man, to explore me,
to understand my trace,
Built me a beautiful place.

In my home
among 50 thousand workers and 500 drones,
I'm the only queen,
Living together as a decent team.

I'll lay eggs inside the honeycomb,
Workers, drones,
More of us will be on scene!

I'm a country worker,
I was a cook, guard and nanny,
I collect the flower nectar
With my buddy army.

I know how to dance
And this is my procedure
To communicate!

When I’m in action
The flower is pleased
I make the pollination
To give a future seed.

As a house worker,
I protect our nest headquarters
Or produce the honey nature.

The honey I make so well
It's good for the damsel
And for you as well!

I am the husband of the queen
People call me lazy drone
Because I eat all day long
Sleeping with my full abdomen!

We are a nice order,
Queen, worker and drone union.
We all survive from the nature,
We must avoid pollution.

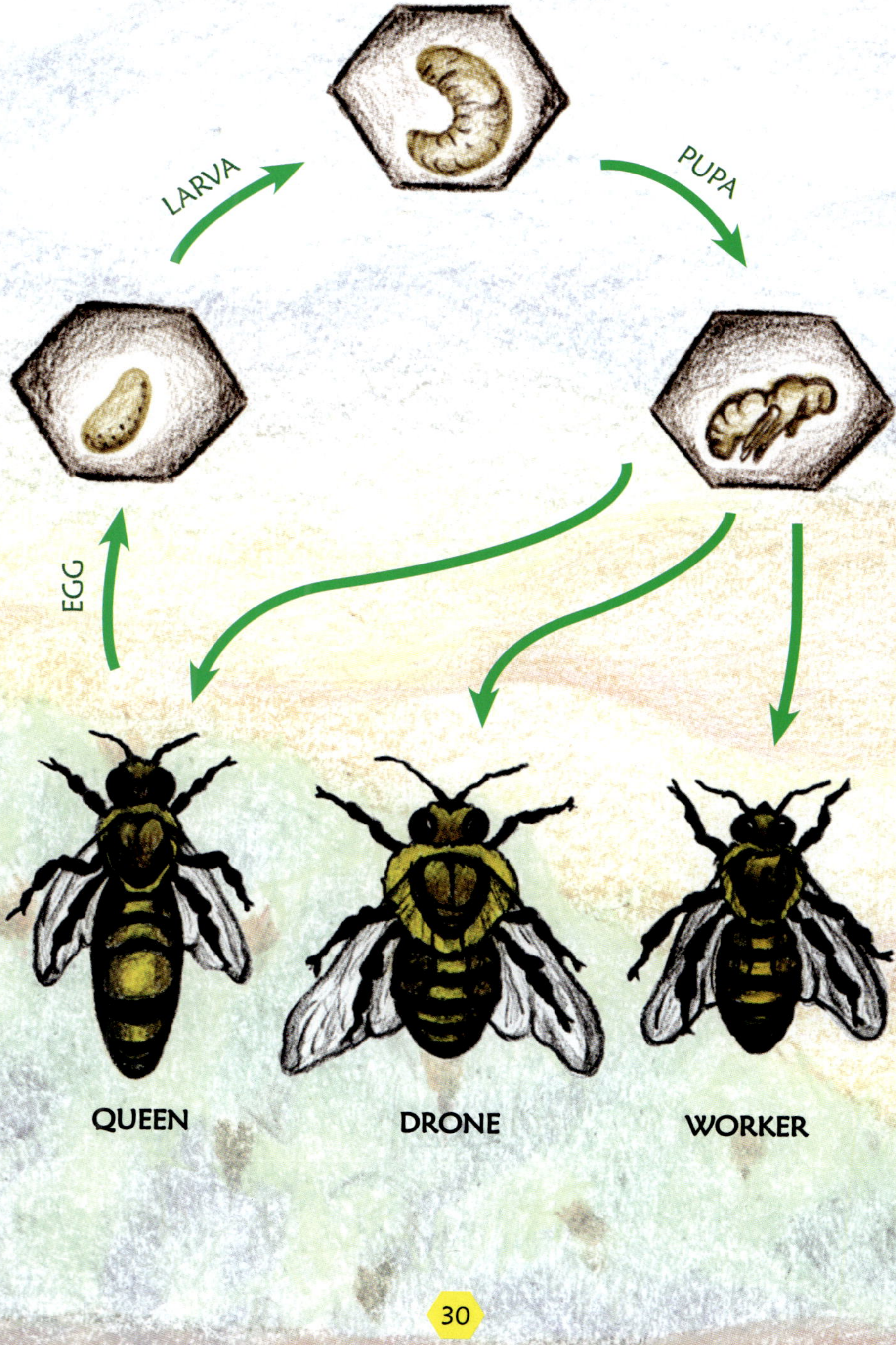
LARVA
PUPA
EGG
QUEEN
DRONE
WORKER

Further information

The *Apis mellifera* bee (Western Honey bee or European Honey bee) belongs to the Insecta class. Beekeeping (Apiculture) studies the techniques to breed bees. Bees produce honey, beeswax, royal jelly and propolis. They are very important for flower pollination.

The bee sting is really painful and its poison, in great quantity, is dangerous.

The bee communication is highly developed and the antennas have a very important role. Bees communicate through chemical substances and dances: when a bee stings an individual, it liberates a substance (an alert pheromone) that warns the other bees the presence of an intruder.

The bee house is called beehive and is made of wood. Inside of it, we can find the honeycombs where they store the pollen, honey and eggs. There, they lay the eggs to build the future offspring.

WORKER

A swarm of bees is composed of a queen, 20 to 50 thousand workers and 500 to 1,000 drones. Each worker has a role during its life cycle.

The queen's job is: to lay eggs and keep the swarm together through a chemical substance release called "royal substance".

The workers collect the nectar produced in the flower nests. This nectar will be used to produce honey. They also use the tongue and the body hair to collect the pollen (male flower component). The workers can perform different tasks during their lives. Thus, they can be nannies (taking care of the larvae); guards (taking care of the hive entrance); collectors of pollen and nectar, honey makers and others.

When the field working bees reach the beehive carrying the nectar and pollen, they dance moving their abdomen. Through this dancing, they tell the others where the nectar they have collected is.

The drone is the most peaceful individual inside the beehive. Its job is to fecundate the queen. It never works and only eats the honey. Sometimes it can be expelled or killed by the workers.

One of the main bee's roles is to collaborate in the flower fecundation. As they fly from one flower to the other, they transport the male flower pollen to the female ones. The fruit and seed production depends significantly on the bees.

Honey is an excellent source of food, because it has sugar, proteins, minerals, enzymes, dextrin and vitamins.

Bees are very sensitive to pollution so they suffer a lot from mortality when they try to collect the nectar and pollen in crops with non accepted selective insecticides. They are also more susceptible to the air and water diseases in polluted air and water environments.